辛姚福　在韩国延世大学学习期间，主修地质学专业，辅修天文学专业。在首尔大学获得了科学哲学博士学位。与成宇义出版社社长及策划团队共同策划了《让老师也惊讶的科学大翻盘丛书》《小学生科学征服丛书》《看透物理丛书》等科普图书。为了让所有年龄层的人更好地了解有趣的科学故事，作者仍在学习研究关于科学与哲学的知识。著作有《宇宙探测队》《化石很重要》《科学的思维》《数学与科学相见》《看起来都不一样！》《科学是什么》等。

赵胜衍　大学期间学习美术，之后在法国学习插画，现在是一位自由插画设计师。在创作这本图书的过程中，学习到了很多以前不知道的关于石头的知识，也学会了从另一个视角去观察周边的石头。作品有《幸福，那是什么？》《危险的海鸥》《归还鹦鹉大作战》《地底怪物基督山伯爵》等。

这本书有 7 个
有趣的部分哦！

你好啊 石头	最让人好奇的石头之谜
相遇了 石头	石头的世界原来如此啊
好奇呀 石头	石头的秘密快来看这里
惊讶咯 石头	石头的那些“不可思议”
思考吧 石头	石头啊石头我想了解你
享受吧 石头	和石头一起玩儿的游戏
保护它 石头	石头啊石头我要保护你

神奇的自然学校

别小瞧石头

（韩）辛妣福　著

（韩）赵胜衍　绘

珍　珍　译

辽宁科学技术出版社

·沈阳·

石头是危险、无用的东西吗？

哎呀！滚下来的石头把路都挡住了，如果被砸到，就出大事了！石头很危险啊！
注意落石！
幸亏有石头！通过石头上遗留的痕迹，可以了解过去。
建筑和房屋之所以屹立不倒，都是因为地下有坚硬的石头支撑着，所以石头很重要。

石头可以用来建造房屋

老师，这里全是石头！城墙都是用石头建造的！
那是因为，在古代，石头是人们能找到的最坚固的材料。

对！3只小猪盖的房子中，最牢固的就是石头房子。
我以后也要用石头盖房子，小偷就进不来了。

不过，现在谁还用那么大的石头去盖房子呢？我要用水泥盖一座更坚固的房子，不用石头。

但是没有石头，就没有水泥。
真的吗？为什么？
因为水泥也是用石头做出来的。水泥是将一种叫石灰岩的石头粉碎后，再混合其他材料做成的。
老师，那混凝土呢？
水泥
混凝土是在水泥中加入沙子和石子搅拌而成的。
这么说，不是只有古代才会用到石头啦？
当然，古时候，人们只是将石头切割或磨平后用到建筑物当中。现在，人们会用石头做出很多建筑材料。

想要寻找石头，并不一定要上山入地。其实，我们身边就有很多东西是用石头做的。

花岗岩被切成薄片贴在建筑物的外墙上。
干洗
文具店
文具
干洗店
欢迎光临
用从石头中提炼出来的铁制成的铁板。

建造房屋时所用的钢筋，汽车、路灯里所用的金属材料也都是从含有金属元素的石头中提炼出来的。车辆行驶的道路也是用石头铺的。

用石头或土
烧制的砖。
用石灰岩做成的
水泥块。
装饰用的大石头。
用混凝土做
成的减速带。
BUS
停

河岸边的石头看起来都差不多。

不过，如果把这些石头在水中洗一洗，就会呈现不同的颜色。石头是由许许多多叫作“矿物”的小颗粒积聚而成的。由不同的矿物组成的石头，其特性也就各不相同。

除了颜色不同之外，有些矿物还有其独特的味道和气味。

哇，这个石头要比刚才捡到的那个更蓝！
如果看过了我在环游世界时捡到的石头，你就不会再说石头长得都一样或石头的颜色都是灰暗的了。

建筑物外墙上常用的花岗岩，是一种体积较大的石头，几乎随处可见。此外，有很多石头是由多种矿物组合而成的，当然也有由单一矿物组成的石头。

有刺激性气味儿的石硫黄。
带有咸味儿的盐岩。
我们身边随处可见这种灰色的石头，用水清洗后可以发现它们其实也有许多颜色。
吸引眼球的五彩斑斓的石头。
具有特殊味道或气味的石头。

世界上，最大的石头到底有多大？

许多巨大的山峰都是由一整块石头构成的，如果像山峰这么大，就算得上大石头了。

不过除了我们用眼睛可以看到的巨大岩石之外，地球和宇宙各个地方都藏有巨石。

地球深处的地核就是由巨大的石头构成的。

在比地球更大的行星上，会有更大、更坚硬的石头。

一块没有裂缝、很坚固、易拉罐瓶子大小的石头就可以承载10个成人的重量。
能不能下来？

坚硬的石头碎了之后会变成沙砾和土。

那么把沙砾和土混在一起会变成石头吗？

想将碎石子重新做成坚固的石头，首先得把它们放进水里，然后在长时间高温和高压的作用下，才能变得越来越坚固。人们常用的水泥就是这么做出来的。

如果想让高的建筑更加稳定，就应该挖深深的地基，直至坚硬的岩石层，然后用钢筋和水泥做成的桩子固定。
桩子

有些石头看上去不显眼，在实际生活中却很有用。有的石头没什么实际的用途，人们却十分迷恋它们美丽的外表，这就是宝石。

宝石之所以珍贵，是因为它们迷人的外表来之不易。大多数石头在形成的过程中，由于矿物颗粒会受到周围环境和其他矿物颗粒的影响，最终长出不规则的形状。而宝石通常长在比较严苛的环境里，矿物颗粒不容易受到影响，因此，外形比较规则，性状稳定。又大又好看的宝石需要很长的时间才能形成，当然也就更加珍贵了。

矿物原子按照一定规律排列组合而成的状态就叫“结晶”，每种矿物的排列规律不同，结晶也不一样。

土耳其石
电气石（碧玺）
红宝石
你知道墨西哥奈卡水晶洞吗？

巨大的水晶

一种矿物要想不受其他矿物的影响，生长的最佳地点是在地下，叫作“晶洞”的空腔里。含有大量矿物成分的地下水会源源不断地流进这里，再加上温度、压力、时间，结晶就会慢慢地生长。晶洞越深，压力越大；晶洞越浅，压力就越小，越容易塌陷。如果晶洞大，里面的结晶自然会变大。

墨西哥奈卡水晶洞是世界上最大的地下水晶洞穴，在那里发现了长达10米的矿物结晶。但是遗憾的是，由于压力小，矿物不够坚硬，没有被认定为宝石。宝石是在地下深层，经过高压变得坚硬的珍贵矿物。

墨西哥奈卡水晶洞

神奇的石头雕刻家

石头随处可见，有些其貌不扬，有些却能让人们啧啧称奇。

比如，我们常常在山上或者海边看到奇形怪状的石头，它们就像雕刻的艺术品般令人惊艳。

是谁这么厉害，能把巨大的石头雕刻成如此壮观的艺术品呢？是大自然！

因为大自然雕刻的过程非常缓慢，不易察觉。风、海水、雨水甚至冰时时刻刻都在悄悄地改变着石头的形状。比如，在海浪的冲刷下，岩石不断地被侵蚀、分裂，慢慢地就成了一道不同寻常的风景线。

海浪冲刷出的绝壁。
海蚀崖：是由于海浪侵蚀而凹进去的部分。如果侵蚀得更深，会成为洞。
大象岩石
蜡烛岩石
海边或江边岩石上的坑洼地，是在水和小石头的作用下形成的。
水蚀坑洞

石头也会被看似平静的河水削磨。

世界上许多大峡谷都是经过河流上亿年的冲刷和侵蚀慢慢形成的。

风沙也可以将坚硬的石头磨成像蘑菇一样有趣的形状。

当一些坚硬的岩石缝隙里的水结冰时，它们可能会裂开。

石头会被水溶化

石头在水的长期冲刷下会溶化，然后又重新堆积在一起，经过自然的作用组合成新的石头。

比如，厚厚的石灰岩层在地下水的长期侵蚀下，一部分岩石会溶化，形成洞穴。地表的雨水透过地面渗入石灰岩层后，又会慢慢地在洞穴中形成新的石头。

洞穴顶棚至上而下，像冰溜子一样的石头叫作钟乳石。从地表往上形成的石头叫作石笋。石笋和钟乳石相交后形成的柱子就是石柱。
钟乳石
石柱
石笋

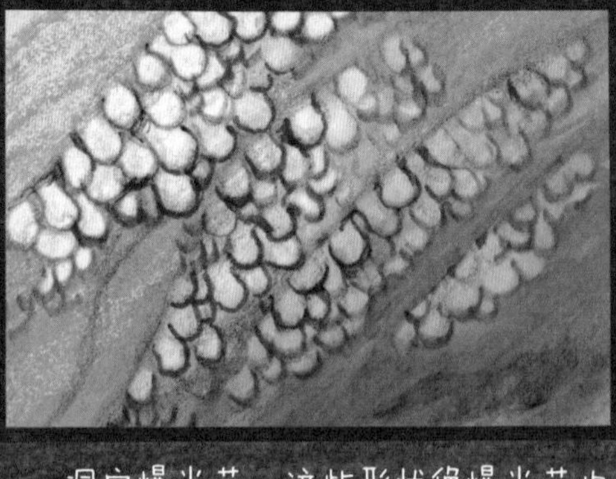

洞穴爆米花：这些形状像爆米花的石头叫洞穴爆米花。

洞穴珊瑚：通常长在洞穴里水比较少、比较干燥的地方。有的像树枝，有的像葡萄……形状各异。

1厘米的钟乳石需要大约100年才能形成，如果手指头大小的钟乳石被破坏，就意味着它数百年的努力白费了。

洞穴珍珠：洞穴里地面深凹进去的地方，水在不断滴落，形成了珍珠形状的石子。

荷包蛋石笋：形状像荷包蛋一样的石笋。

石头上的孔是谁打出来的？

石头是非常坚硬的，但是如果你仔细观察，就会发现有的石头上有很多孔。最具代表性的是火山岩。玄武岩是一种火山岩，玄武岩上的小孔是火山爆发后，滚烫的岩浆在冷却的过程中排出的空气形成的。韩国济州岛的石头爷爷就是用玄武岩制成的。

猜猜我的身上有多少个孔呢？
不是所有的火山岩都有孔，也有一些火山岩是没有孔的。

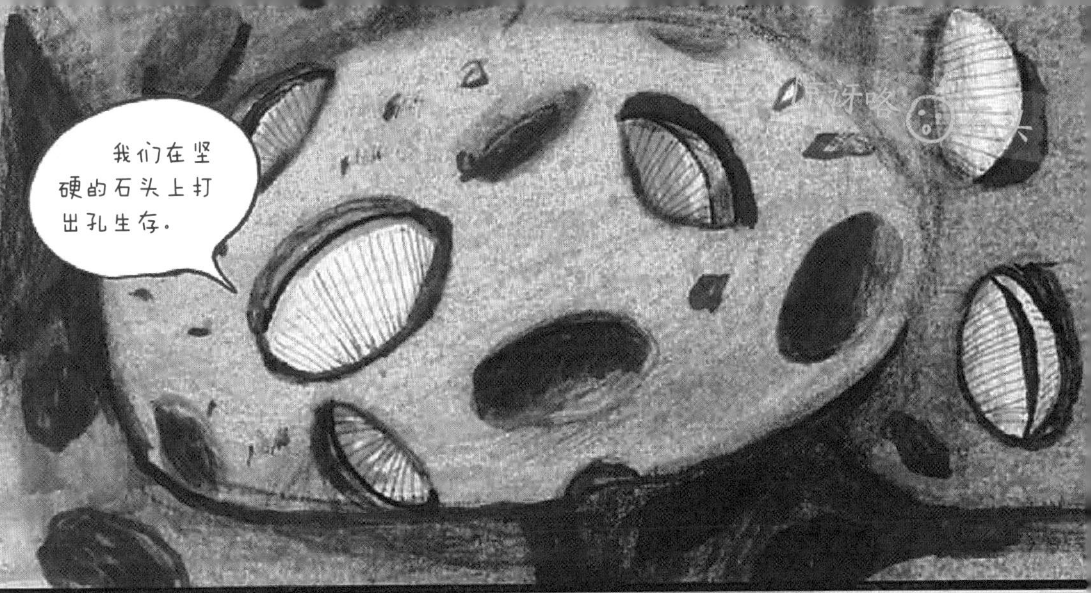

在有些岛上可以看到不仅火山岩上有孔，其他石头也有孔。这些孔有的比较平滑，有的像隧道一样深深地凹陷进去。这些孔是贝类挖出来的。

在有些山上可以看到像蜂窝一样的石头，有的孔如指甲大小，有的孔如房子大小，孔的形状也各式各样。这样的岩石是由多种大小的石子、沙子、土混在一起长时期堆积而成的。在大自然的作用下岩石内的石子会掉下来，再通过风化作用，逐渐形成了蜂窝洞。

石头晃动引发的问题

通常情况下，如果我们不去刻意挪动石头，它们是不会动的。但是，当地底的岩石层受到巨大的压力时，这些坚硬、沉重的石头也会发生剧烈晃动，这种现象叫作地震。

小型地震发生时，人们会感觉到轻微晃动。大型地震发生时，地面会发生剧烈震动，地面上的东西都会跟着剧烈晃动，会给人们带来很大危害。

海啸：海底发生地震后，海水受到影响，会大幅度晃动。高达数十米的海浪会扑过来，把岸上的所有东西冲毁。海啸经过的地方会成为一片废墟。

在地底下，不仅坚硬的石头很危险，熔化的石头也会很危险。由于地下温度很高，石头会熔化，变成像熔炉里铁水一样的石水，这样的石水就是岩浆。岩浆和气体向上喷涌就会形成火山爆发。

火山爆发时，地底滚烫的岩浆向外喷出，这就是熔岩。

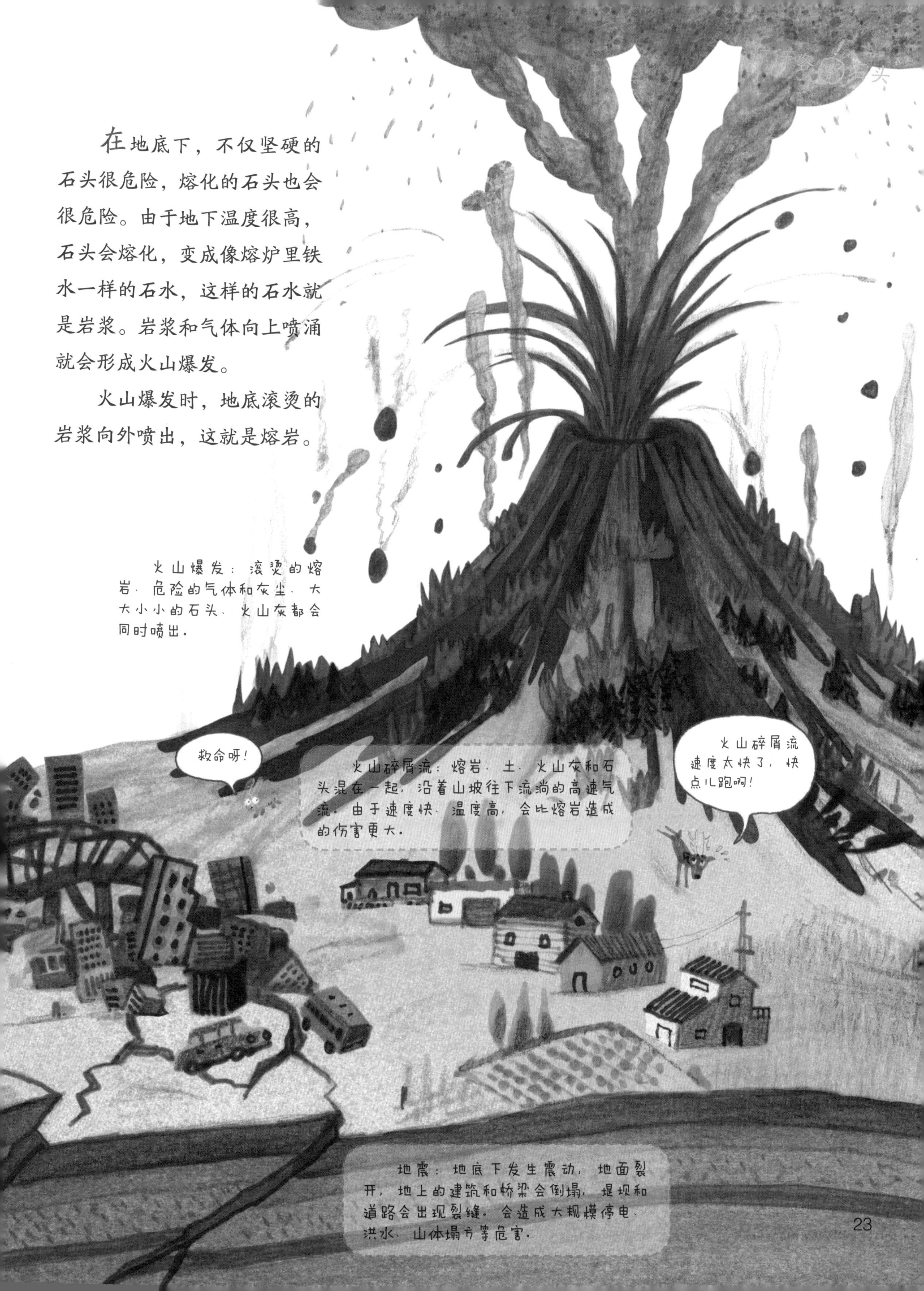

火山爆发：滚烫的熔岩、危险的气体和灰尘、大大小小的石头、火山灰都会同时喷出。
救命呀！
火山碎屑流：熔岩、土、火山灰和石头混在一起，沿着山坡往下流淌的高速气流。由于速度快、温度高，会比熔岩造成的伤害更大。
火山碎屑流速度太快了，快点儿跑啊！
地震：地底下发生震动，地面裂开，地上的建筑和桥梁会倒塌，堤坝和道路会出现裂缝，会造成大规模停电、洪水、山体塌方等危害。

石缝里也能长出植物

在石缝里生长的植物

许多人以为植物只会在土里生根、发芽、生长，其实植物在坚硬的石头上也可以生长。当然，在石头上生长不如在土里生长那样容易，但如果适应了这样的环境，就不用再跟其他植物抢土地了。大部分名字跟“石头”或“岩石”有关的植物，都是生长在岩石上的。

钻地风：钻地风的枝条上有细小的根，可以牢牢地把自己固定在墙上。
绿色的苔藓也是生活在岩石上的植物！古老的石碑或石头塔上长着黑青色的霉一样的东西叫作地衣。地衣不会开花，也不会结果实。
大丁草
白花岩梅：是一种小的树种，通常在海拔3500～4000米的山顶石缝中扎根，冬季里树叶也是绿色的，是一种常青植物。

依赖于石头生长的动物

不是只有植物才会依附于石头生长。有些水里的动物也放弃了自由，牢牢地依附在石壁上生长。这些动物叫作“固着动物”。它们牢牢地吸在岩石上，不必游来游去，这样不仅节省能量，而且不会因为海浪而到处漂泊，还可以吃游走在身边的生物，简直是太棒了！大部分的固着动物以群居为主。

海葵：海葵的触须有毒，这种毒可以先让经过的生物中毒，然后再吃掉它们。

石蜐（jié）：水漫过岩石后，它们将蔓足伸出壳外，摄食浮游生物。

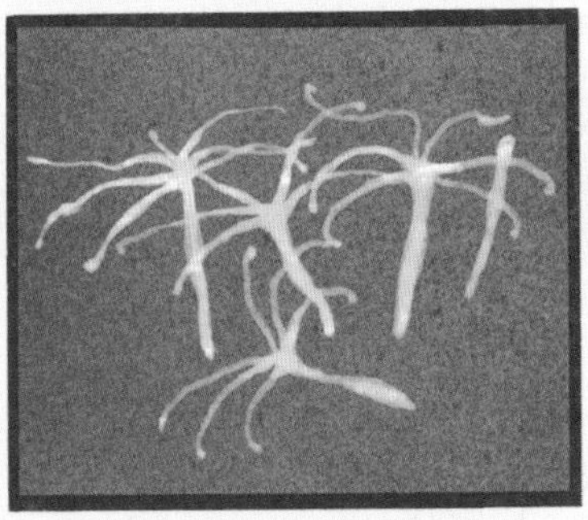

水螅：看起来弱小，但它的触须中有很厉害的毒液，可以毒死小虾。

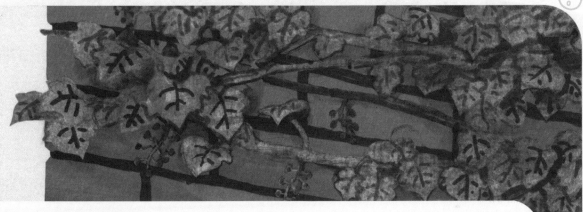

爬山虎：爬山虎的枝条上长着卷须，卷须上有吸盘，能牢牢地附着在墙壁上。

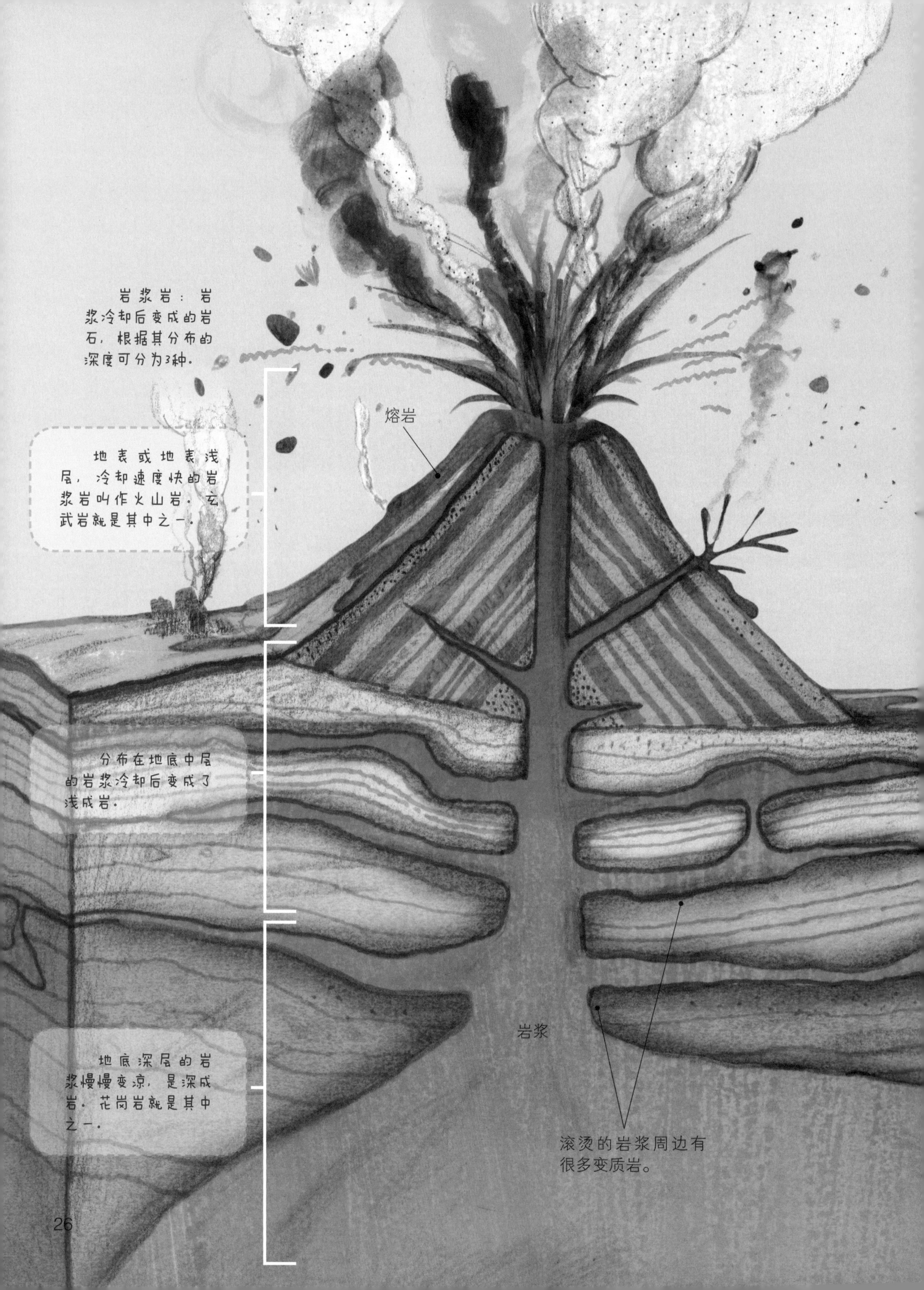

熔岩
岩浆
滚烫的岩浆周边有很多变质岩。

岩浆岩：岩浆冷却后变成的岩石，根据其分布的深度可分为3种。

地表或地表浅层，冷却速度快的岩浆岩叫作火山岩。玄武岩就是其中之一。

分布在地底中层的岩浆冷却后变成了浅成岩。

地底深层的岩浆慢慢变凉，是深成岩。花岗岩就是其中之一。

变来变去还是石头

根据石头形成的原因，大致可以分为岩浆岩、沉积岩和变质岩三类。

岩浆岩又叫作火成岩，是热的岩浆冷却后形成的。

沉积岩又叫作水成岩，是石子、沙子、泥土等沉积物经过长期沉积，在水的作用下形成的。

变质岩指那些在高温、高压的影响下，本身性质发生了改变的岩石。

石头不是一成不变的。无论哪种石头，破碎后重组就会变成沉积岩，如果受热或受高压，就会发生性质上的改变，变成变质岩。瞧，石头就是这样变来变去的。

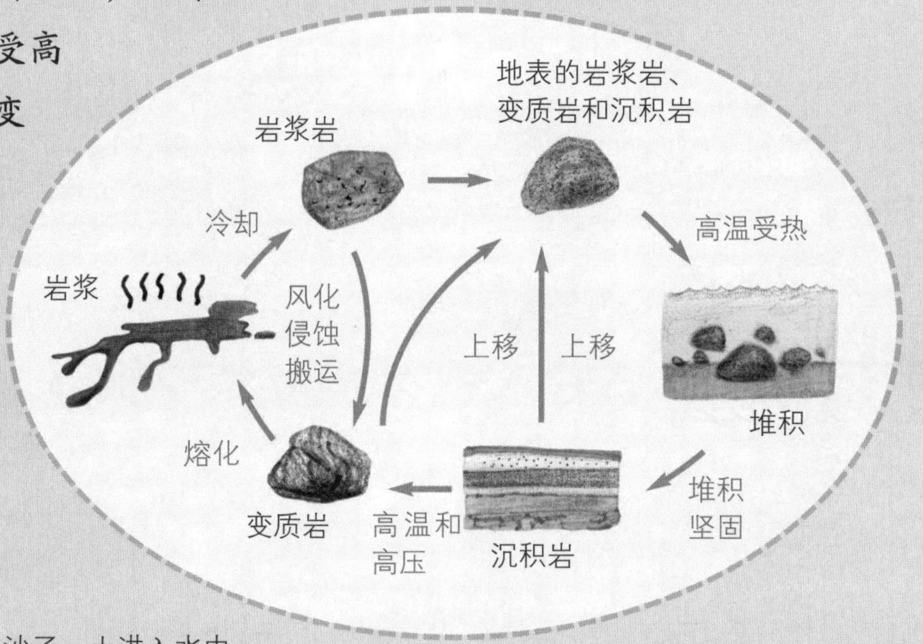

地球深处的石头

地球的表面被土、植物、沙子、水等覆盖。

从地表向下挖数十米，才能发现坚硬的岩石层。

挖得越深，石头的颜色也会越深，温度也会越来越高。

再往下是厚度在2800千米以上的地幔。

地幔下面有滚烫、厚重的液体，地球核心是固体的。

已经挖这么深了，还没有看到地幔。

地球的结构

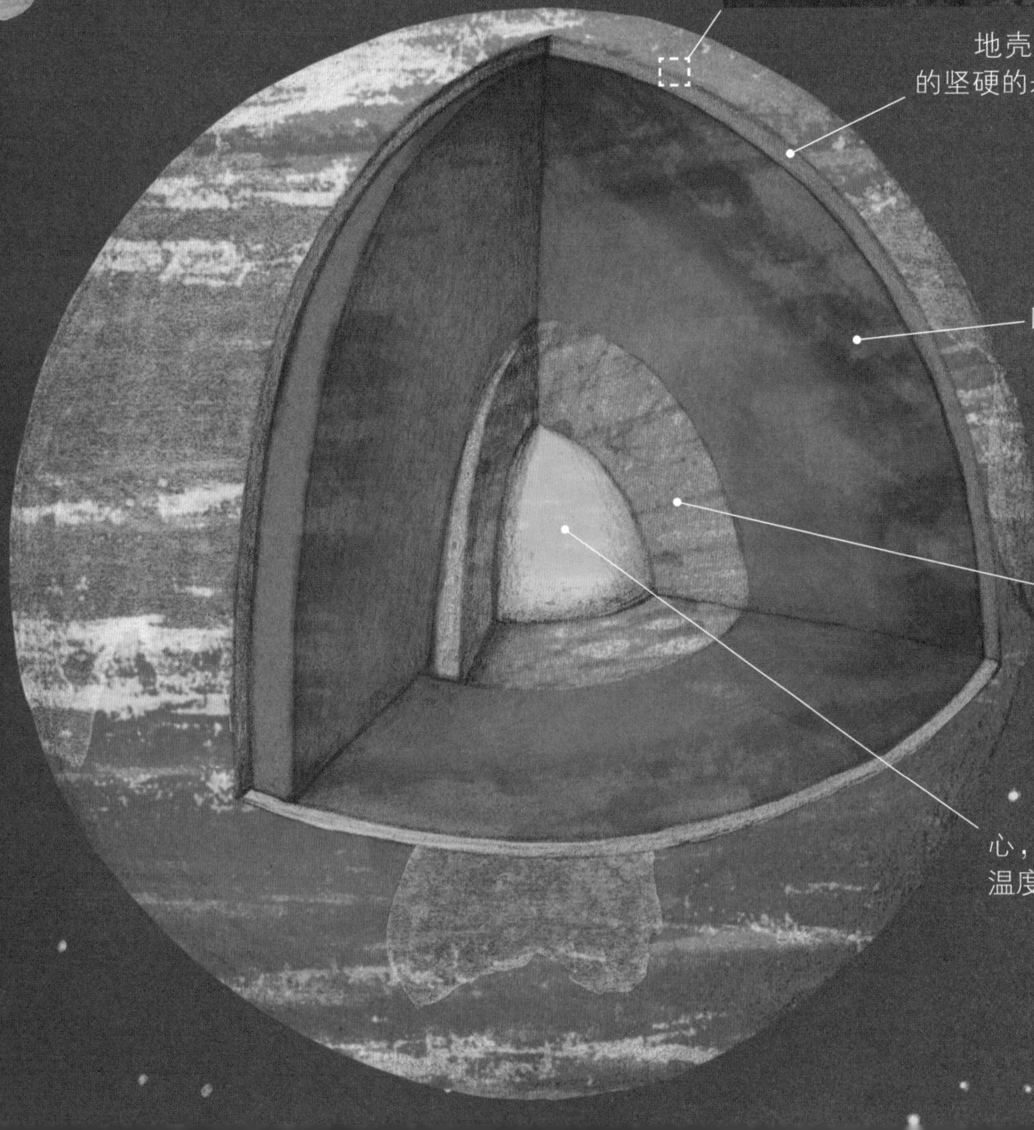

地壳：包围地球表面的坚硬的岩石层。
地幔：地壳和地核之间的部分。
外核：地核的外围。里面是一个由铁和镍等元素的混合液体构成的熔融海洋。
内核：位于地球的中心，由铁等元素构成，是温度很高的固体。

“地球”号
日本深海钻探船“地球”号正在努力钻探到地幔深处。
大陆的地壳厚度达到35千米以上，海洋中地壳薄的地方只有几千米厚，因此地幔钻探作业通常选择在海里进行。
地壳
地幔

长久以来，为了了解地下有什么，人们付出了很多努力。

人们会往地下插入长长的管子，然后查看流进管子里的物质，这种方法叫作钻探。

需要大面积挖地的时候，人们会使用炸药。首先，人们会在石头上挖出一些洞，然后往里面放炸药，最后引爆。

用炸药挖地基的图片

石头是细致的记录达人

石头通过不停地运动，改变着地球的表面，给生物提供了各种各样的生存环境，但有时也会摧毁它们的栖息之地。

在这个过程中，石头会持续不断地记录生物的历史变迁。

记录生物的历史状态和生存方式的石头叫作化石。

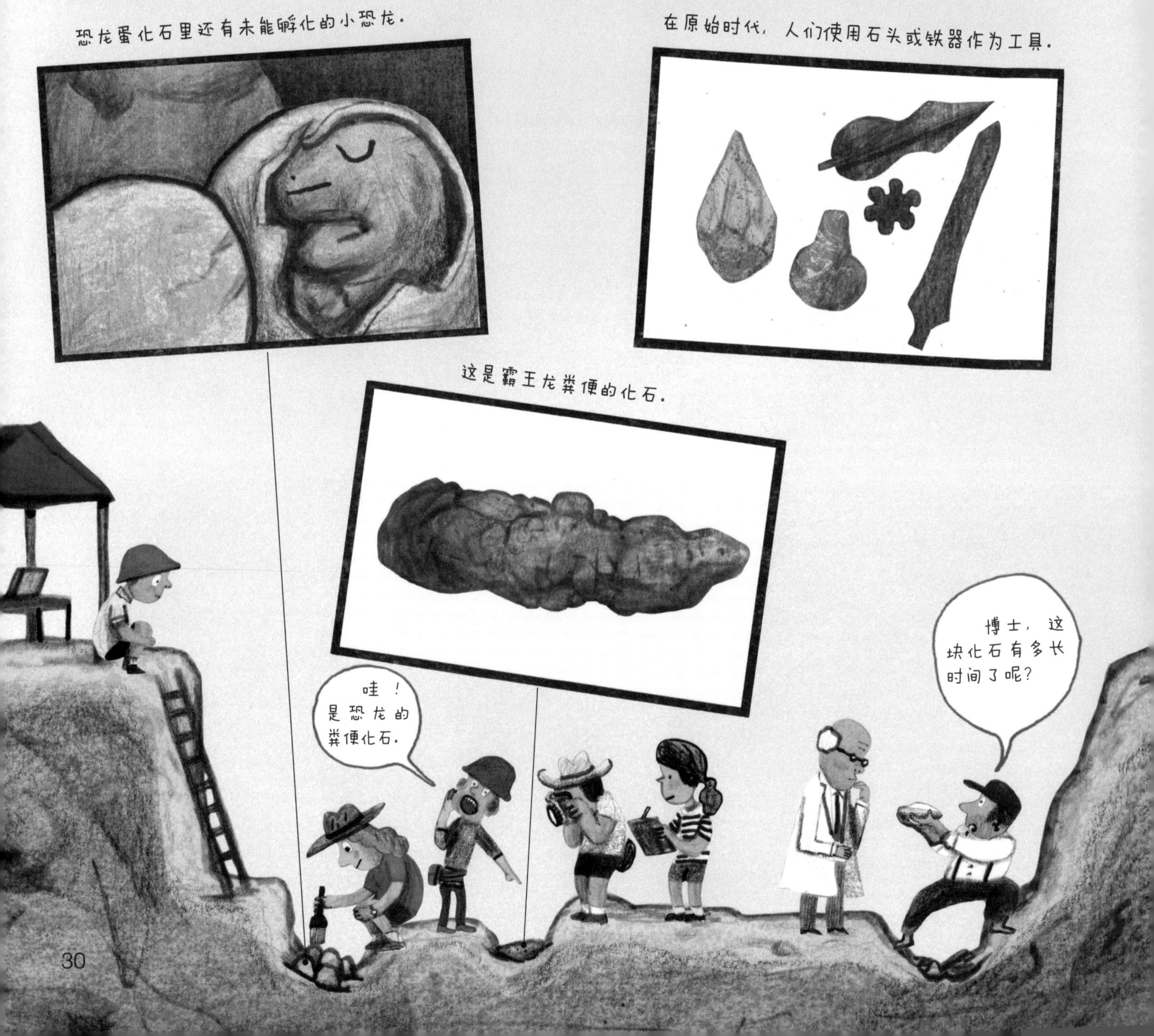

恐龙蛋化石里还有未能孵化的小恐龙。
在原始时代，人们使用石头或铁器作为工具。
这是霸王龙粪便的化石。
哇！是恐龙的粪便化石。
博士，这块化石有多长时间了呢？

生物的身体、脚印、蛋、粪便，就连挖洞的痕迹都可以成为化石，这些叫作痕迹化石。它们可以展示生物繁殖、生活的状态，是非常宝贵的资料。

旧石器时代创作的法国拉斯科洞窟壁画。

新石器时代创作的韩国蔚山盘龟台岩刻画。

人类的历史也与石头息息相关。

原始时代的人们就学会了使用石头制作工具。

人们还在石头上刻画、写字，这些刻在石头上的图画和文字比起其他方式更好保存。

多亏石头将这些人类的历史保存了下来，人们才能更好地了解过去。

蕨类等植物也能变成化石。

观察恐龙的足印化石，可以判断恐龙的大小和走路的习惯。

地球之外的石头

地球之外也有很多石头。

地球所在的太阳系中，也有像地球一样由石头构成的行星，还有由石头构成的绕着行星转的卫星以及很多小行星。像这样漂浮在宇宙中的石头，有时会落到地球上来，这就是陨石。

通过研究陨石，我们可以知道更多关于太阳系的信息。

在银河系内，有成千上万个类似太阳系的星系。在宇宙中，有千千万万个像银河系这样的星系。因此，宇宙中有数不清的石头。

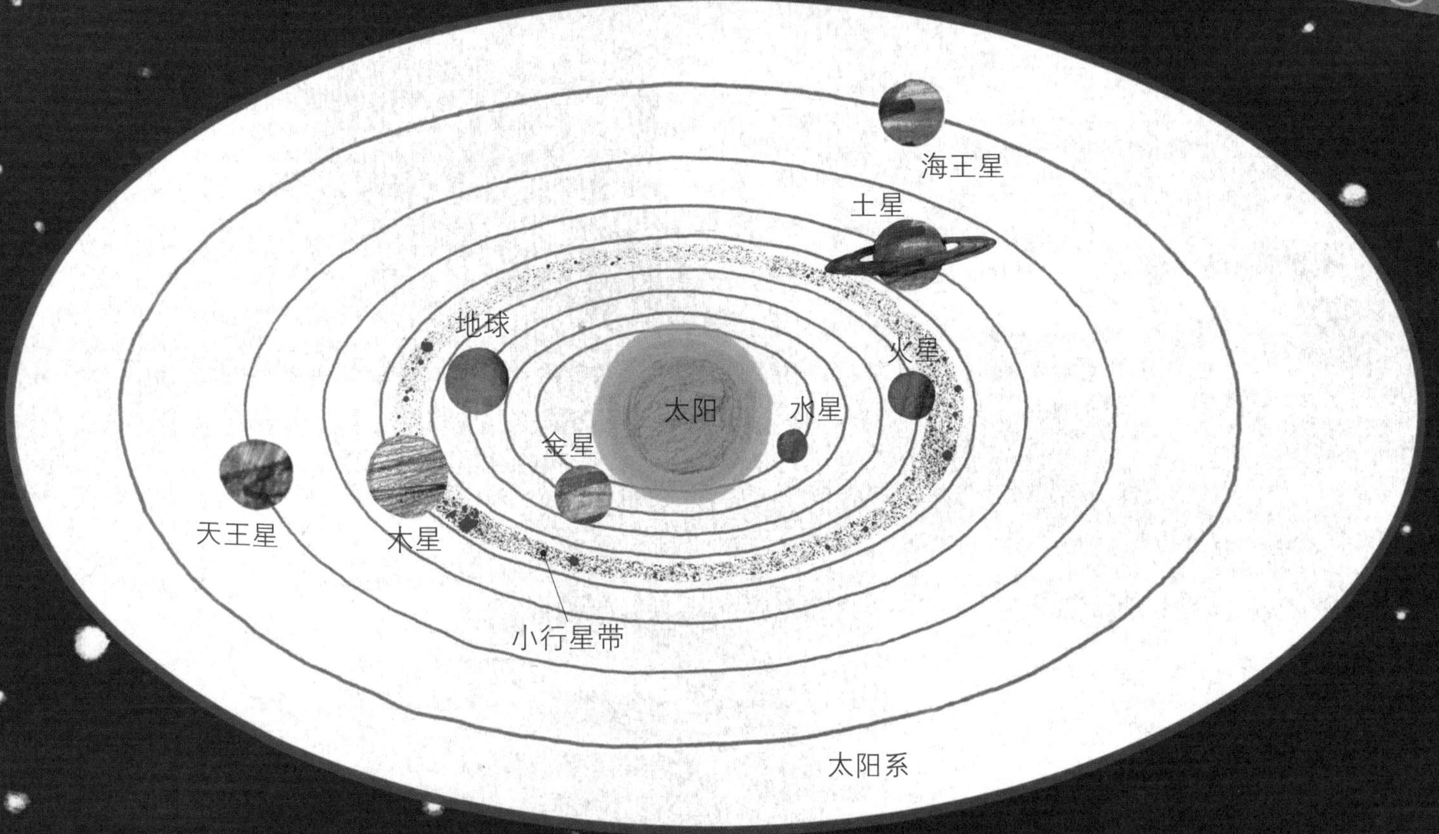

太阳系：太阳和所有受到太阳引力约束的天体集合体。小行星带位于火星和木星之间，它由数十万颗大小不同、形状各异的小行星组合而成，这些小行星大部分是由石头构成的。

月亮上也有石头和土吗？

宇宙中有很多石头，但因为地球与太阳系的其他行星距离太远了，目前人类只能研究月亮上的石头。月亮表面的石头都是岩浆凝固后变成的火山岩。月亮表面覆盖的土，颗粒非常小，而且很细腻。

月亮表面深暗的部分叫作“月海”，但是这片“海”里并没有水，它看起来阴暗的原因是这

些平原比亮的部分地势低、平坦，而且这里大多是深色的岩石。

好玩儿的石头

我们可以用石头做工具，也可以用石头建造高大的建筑，还可以把石头做成美丽的艺术品。现在，就试着用石头和石头粉来做手工吧！

用五颜六色的石头粉画画

① 准备彩色石头粉、胶水、纸、一次性盘子。

② 在纸上或盘子上先画草图，按照画的形状涂抹胶水。

③ 将自己喜欢的石头粉慢慢地撒在画上。

④ 等到胶水完全干透，一幅美丽的画就完成了。

彩色石头粉（彩色沙子）可以在文具店或网上购买。

石头印章

❶ 准备表面有不同纹路的石头、染料、纸。

❷ 在石头上涂抹染料。

希望印出美丽的石头纹路。

❸ 像盖章一样，用石头在纸上印出石头的纹路。

在古代，人们会将石头磨成粉制成颜料。在荷兰画家约翰内斯·维米尔的名画《戴珍珠耳环的少女》中，他就用了一种由青金石磨成粉做成的蓝色颜料。

用小卵石作画

在江边会看到许多小卵石。可以用这些小卵石玩儿很多游戏。

那个石头颜色好奇特。
这个石头很好。

❶ 在江边挑选颜色、形状、大小不同的小卵石。

❷ 可以用石头拼出兔子、乌龟、飞机、花朵、恐龙等不一样的形状。

❸ 可以和这些作品拍个照片留念，但不要把它们拿回家哦。

搭石塔

没有经过人工打磨的石头，表面大多是不平整的，只要把握好角度，就可以搭成高高的石塔。可以每人轮流放一块石头，谁让石塔倒塌，就给谁小小的惩罚。

保护采石场

人们通常是在采石场或者矿山开采石头。长期采石作业后会留下又深又宽的坑。雨水在这里沉积后排不出去，会变质，产生病菌。

如果置之不理，石头和土堆会塌陷，露出重金属。

因此，采石作业结束后，应该填充矿坑，维护矿山。

世界上有许多国家将采石场或废弃的矿山改造成了公园、博物馆等。

用废弃的采石场改造成湖水公园的韩国抱川艺术区

韩国抱川有一个公园是由采石场改造而成的。刚开始还是废弃的石堆，现在已经变成了文化艺术中心。

在山坡上罩网

开山铺路之后，路的两侧会有比较陡峭的山坡，为了防止石头滚落或土堆塌陷，人们会在山坡上罩上山坡防护网。

高速公路的两侧有很多被开垦的山坡，如果不好好维护这些山坡，石头或土会滑落造成事故。

为了防止发生这样的事故，人们会用金属材质的山坡防护网把整个山坡覆盖住，或者用水泥修成防护坡。

作者说

地球是一个巨大的石头行星，这颗半径接近6400千米的星球，除了内部有一些石头熔化而成的高温液体之外，其他地方都是由石头构成的。

也许你会说，地球上不是还有水、土壤和各种生物吗？如果将地球缩成直径为1米的球，你就能一眼看出石头究竟占了多大的比例了。如果地球是一个直径为1米的球，大海的普遍深度只有0.1～0.5毫米，土壤的深度更浅，不超过0.01毫米。而其余的生物，都是依附于水和土壤生存的，几乎可以忽略不计。

不过，正是由于这种构成比例，才让地球变得生机勃勃。打个比方吧，这些坚硬的石头，就好比一个坚固的碗，盛住了整个大海，地球才有了生命。也多亏了石头变成的泥土，生物才可以生存于地球的表面……

瞧，石头是不是很重要！就是这么重要的东西，却因为从古至今随处可见，人们一直觉得它们一文不值。而事实上，很多高端材料的原材料都是石头。同时，石头还是记录者，它们记录着生物的历史变迁。

和世界上许多其他珍贵的东西一样，随着对石头的深入研究，人们发现了更多石头的秘密，学到了更多的知识，也越发觉得石头的价值无限。读完本书后，你会觉得原来石头对我们的生活是如此重要。从此，你看身边随处可见的石头时，就会有不一样的视角了。

辛姚福

图书在版编目（CIP）数据

神奇的自然学校. 别小瞧石头/（韩）辛姚福著；（韩）赵胜衍绘；珍珍译. —沈阳：辽宁科学技术出版社, 2021.3
ISBN 978-7-5591-0826-5

Ⅰ. ①神… Ⅱ. ①辛… ②赵… ③珍… Ⅲ. ①自然科学—儿童读物②岩石—儿童读物 Ⅳ. ①N49②P583-49

中国版本图书馆CIP数据核字（2018）第142356号

出版发行：辽宁科学技术出版社
（地址：沈阳市和平区十一纬路25号 邮编：110003）
印 刷 者：凸版艺彩（东莞）印刷有限公司
经 销 者：各地新华书店
幅面尺寸：230mm × 300mm
印 张：5.25
字 数：100千字
出版时间：2021年3月第1版
印刷时间：2021年3月第1次印刷
责任编辑：姜 璐
封面设计：吴晔菲
版式设计：李 莹 吴晔菲
责任校对：闻 洋 王春茹

书 号：ISBN 978-7-5591-0826-5
定 价：32.00元

投稿热线：024-23284062
邮购热线：024-23284502
E-mail：1187962917@qq.com